S.S. Rakesh
Murugaragavan Ramasamy
Davamani Veerasawmy

Microplásticos e Contaminação de Alimentos

S.S. Rakesh
Murugaragavan Ramasamy
Davamani Veerasawmy

Microplásticos e Contaminação de Alimentos

Microplásticos sobre Ambiente

ScienciaScripts

Imprint

Cover image: www.ingimage.com

Este livro é uma tradução do original publicado sob ISBN 978-620-3-20237-3.

Publisher:
Sciencia Scripts
is a trademark of
International Book Market Service Ltd., member of OmniScriptum Publishing Group
17 Meldrum Street, Beau Bassin 71504, Mauritius
Printed at: see last page
ISBN: 978-620-3-39496-2

Índice

MICROPLÁSTICOS E CONTAMINAÇÃO DE ALIMENTOS

Introdução:

"Microplásticos" são as partículas plásticas sintetizadas que se encontram entre os tamanhos de **poucos microns - 5mm** de diâmetro. (Gregory e Andrady, 2003). A Administração Nacional Oceânica e Atmosférica define que os microplásticos são as partículas menores do que 5 mm. Os plásticos são diferenciados como diferentes tipos, tais como microplásticos pequenos (0,33-1,00 mm), microplásticos grandes (1,01-4,75 mm), mesoplásticos (4,76-200 mm) e macroplásticos (> 200 mm) (Erikson, 2014). Existem vários tipos de microplásticos pela sua forma de ocorrência, tais como fragmentos (partículas irregulares, cristais, penugem, pó, grânulos, lascas, flocos, películas), fibras (filamentos, microfibras, cordões, fios), contas (grãos, micro esferas esféricas, microesferas), espumas (poliestireno, poliestireno expandido. Pellets-Resina pellets, mimos, pellets de pré-produção, aparos) (Lusher *et al.*, 2017)

Composição química dos microplásticos:

A composição química dos microplásticos inclui Poliestireno expandido (EPS), Polietileno de baixa densidade (PEBD), Polietileno de alta densidade (PEAD), Polipropileno (PP), Politereftalato de polietileno (PET), Poliamida - nylon (PA), Poliestireno (PS), Polimetacrilato de metilo - acrílico (PMMA), Policloreto de vinilo (PVC), Policarbonato (PC), Poliuretano (PU), Alquídico, Poliéster (PES) e Politetrafluroetileno (PTFE).

Quadro 1: Invenção de plásticos

Year	Polymer type	Inventor/notes
1839	Natural rubber latex	Charles Goodyear
1839	Polystyrene	Discovered by Eduard Simon
1862	Parkesine	Alexander Parkes
1865	Cellulose acetate	Paul Schützenberger
1869	Celluloid	John Wesley Hyatt
1872	Polyvinyl chloride	First created by Eugen Baumann
1894	Viscose rayon	Charles Frederick Cross
1909	Bakelite	Leo Hendrik Baekeland
1926	Plasticised PVC	Walter Semon
1933	Polyvinylidene chloride	Ralph Wiley
1935	Low-density polyethylene	Reginald Gibson and Eric Fawcett
1936	Acrylic or polymethyl methacrylate	
1937	Polyurethane	Otto Bayer and co-workers
1938	Polystyrene	As a commercially viable polymer
1938	Polyethylene terephthalate	John Whinfield and James Dickson
1942	Unsaturated polyester	John Whinfield and James Dickson
1951	High-density polyethylene	Paul Hogan and Robert Banks
1951	Polypropylene	Paul Hogan and Robert Banks
1953	Polycarbonate	Hermann Schnell
1954	Styrofoam	Ray McIntire
1960	Polylactic acid	Patrick Gruber is credited with inventing a commercially viable process
1978	Linear low-density polyethylene	DuPont

Fonte: Wagner e Lambert (2018)

PET:

O PET é normalmente utilizado em garrafas de água de solda comercial, refrigerantes, garrafas de bebidas desportivas e garrafas de condimentos, garrafas, cintas, engrenagens. a resina termoplástica polimérica mais comum da família do poliéster e é utilizada em fibras para vestuário, recipientes para líquidos e alimentos, termoformagem para fabrico, e em combinação com fibra de vidro para resinas de engenharia

HDPE:

O polietileno de alta densidade é utilizado em garrafas de leite, garrafas de sumo, garrafas de detergente, garrafas de champô, sacos de mercearia e em forros de caixas de cereais

Quadro 2: Tipos de polímeros e suas formulações:

Polymer name	Functions in PCCP formulations
Nylon-12 (polyamide-12)	Bulking, viscosity controlling, opacifying (e.g. wrinkle creams)
Nylon-6	Bulking agent, viscosity controlling
Poly(butylene terephthalate)	Film formation, viscosity controlling
Poly(ethylene isoterephthalate)	Bulking agent
Poly(ethylene terephthalate)	Adhesive, film formation, hair fixative; viscosity controlling, aesthetic agent, (e.g. glitters in bubble bath, makeup)
Poly(methyl methylacrylate)	Sorbent for delivery of active ingredients
Poly(pentaerythrityl terephthalate)	Film formation
Poly(propylene terephthalate)	Emulsion stabilising, skin conditioning
Polyethylene	Abrasive, film forming, viscosity controlling, binder for powders
Polypropylene	Bulking agent, viscosity increasing agent
Polystyrene	Film formation
Polytetrafluoroethylene (Teflon)	Bulking agent, slip modifier, binding agent, skin conditioner
Polyurethane	Film formation (e.g. facial masks, sunscreen, mascara)
Polyacrylate	Viscosity controlling
Acrylates copolymer	Binder, hair fixative, film formation, suspending agent
Allyl stearate/vinyl acetate copolymers	Film formation, hair fixative
Ethylene/propylene/styrene copolymer	Viscosity controlling
Ethylene/methylacrylate copolymer	Film formation
Ethylene/acrylate copolymer	Film formation in waterproof sunscreen, gellant (e.g. lipstick, stick products, hand creams)
Butylene/ethylene/styrene copolymer	Viscosity controlling
Styrene acrylates copolymer	Aesthetic, coloured microspheres (e.g. makeup)
Trimethylsiloxysilicate (silicone resin)	Film formation (e.g. colour cosmetics, skin care, suncare)

LDPE:

O polietileno de baixa densidade é utilizado em sacos de limpeza a seco, sacos de pão, sacos de jornal, sacos de produção, sacos de lixo, papel, embalagens de leite e copos de bebidas quentes e frias.

PVC:

O policloreto de vinilo é flexível/ rígido que foi utilizado em canos de canalização, embalagens de alimentos transparentes, embalagens encolhíveis, brinquedos para crianças, toalhas de mesa, pavimentos em vinil, tapetes de brincar e embalagens de blister, película, canos, recipientes, bóias, garrafas, embalagens não alimentares, e cartões (tais como cartões bancários ou de sócio). Pode ser tornado mais macio e flexível através da adição de plastificantes, sendo os mais utilizados os ftalatos. Nesta forma, é também utilizado em canalizações, isolamento de cabos eléctricos, imitação de couro, pavimentos, sinalização, registos fonográficos, produtos insufláveis, e muitas aplicações onde substitui a borracha. Com algodão ou linho, é utilizada para fazer lona.

PP:

O polipropileno é utilizado para fazer recipientes de iogurte, recipientes para alimentos, mobiliário, isolamento de bagagem e vestuário de Inverno, corda, tampas de garrafas, equipamento, cintas.

Fontes de poluição por microplásticos:

A maior contribuição dos microplásticos para os sistemas marinhos inclui polietileno, polipropileno e partículas de poliestireno presentes principalmente na limpeza e produtos cosméticos descarregados através de esgotos domésticos entram no sistema aquático. (Fendall and Sewell, 2009) enquanto que a origem industrial inclui derramamento de pós ou pellets de resina plástica utilizados para jacto de ar e matérias-primas utilizadas para o fabrico de produtos plásticos (Zbyszewski *et al.*, 2014). Os microplásticos secundários têm origem na fragmentação de microplásticos primários por acção mecânica, degradação microbiana, exposição UV enquanto as fibras sintéticas provenientes da lavagem de roupa (Browne *et al.*, 2011). As fibras de microplásticos secundários provêm da lavagem de roupa que contém poliéster, acrílico, poliamida que tem 100 fibras por litro de efluente e que é disposta a esgoto. (Habib *et al.*, 1998). Verificou-se que fibras semelhantes às dos efluentes de esgotos domésticos são dominantes nos locais de eliminação de esgotos e exibem longos períodos de residência. Estes microplásticos de fonte secundária são, portanto, também susceptíveis de ter longos períodos de residência em sistemas de água doce (Zubris e Richards, 2005), quer sejam massas de água naturais, massas de água modificadas ou 198 massas de água artificiais.

Microplásticos primários de micro esferas de produtos de limpeza facial comerciais, foram confirmados em amostras dos Grandes Lagos Norte-Americanos (Eriksen *et al.*, 2013). Microplásticos primários de origem industrial foram detectados em rios e lagos. Os pellets de resina plástica de pré-produção foram os segundos detritos mais dominantes nos rios da bacia de Los Angeles (Moore *et al.*, 2011) e os detritos mais dominantes no Lago Huron (Zbyszewski e Corcoran 2011). Os autores sugeriram que as matérias-primas plásticas em amostras do rio Danúbio, lago Huron, e lago Erie fossem provavelmente libertadas de locais de produção de plástico (Lechner *et al.*, 2014). Microplásticos secundários encontrados nos lagos de Hovsgol, Mongólia, e no Lago Garda, Itália. (Imhof *et al.*, 2013). Os microplásticos secundários vieram da degradação e degradação de artigos de plástico de maior dimensão de origem doméstica (Free *et al.*, 2014).

Quadro 3: Fontes de Microplásticos:

Fonte principal	Fonte única identificável
Emissões de poeira da cidade	Partículas plásticas em pó da estrada tinta, pneus, betume modificado com polímero Poeiras provenientes da intempérie de plástico tratado superfícies exteriores (pinturas, vedantes,)
Emissões de pó no interior de comercial ou	Partículas provenientes da abrasão ou da intempérie de sistemas de gasodutos de plástico
Construções públicas e edifícios	Pó de escritório e similares, por exemplo, parede a parede salas alcatifadas, salas de cópia e impressão, abrasão pesada em mobiliário e superfícies em edifícios acessíveis ao público.
	Efluentes de lavandarias comerciais e empresas de limpeza
Agricultura	Degradante filme agrifilme/mulch
Sector marítimo, Aquacultura, pesca	Abrasão e desgaste de cordas de plástico e superfícies em portos Efluentes da aquicultura e da rede de pesca instalações de limpeza

Transportes	Quebra/desmantelamento de navios e offshore

Fonte principal	Fonte única identificável
	Grânulos/matérias-primas/granulados de plástico
Perda/libertação acidental	Emissões de poeiras de incêndios e queimadas descontroladas
Aterros municipais	Desvio de ar dos plásticos se não estiver bem coberto
Resíduos industriais e de construção	Partículas plásticas em efluentes de água
	Descarga de resíduos de construção e de processo
Aterros ilegais privados	Aterros sanitários ilegais
Lixo em público espaços	Parques, pontos recreativos, bermas de estrada renovadas pelos municípios
Pescaria	Resíduos atirados borda fora
	Perda de redes de arrasto, redes
Aquacultura	Equipamento e locais abandonados
	Perda de floaters por tempestade
	Resíduos atirados borda fora ou artigos perdidos
Navegação e offshore	Meteorologia e desfragmentação de naufrágios e embarcações abandonadas
Actividades de lazer à beira-mar e náutica de recreio	Plásticos deitados directamente ao mar quando navegam, recreação fora da área pública
Entrada regular	Resíduos de macroplástico emitidos directamente para

de água do rio	lagos e rios
eventos catastróficos, perda não intencional	Macro-resíduos plásticos trazidos à deriva da terra durante inundações e tempestades extremas

Microplásticos em cosmética:

Os ingredientes plásticos fazem parte da formulação de uma variedade de PCCP, tais como: pasta de dentes, gel de duche, champô, cremes, sombra de olhos, desodorizante, pós blush, base de maquilhagem, cremes para a pele, laca, esmalte de unhas, maquilhagem líquida, cor dos olhos, rímel, creme de barbear, produtos para bebés, produtos de limpeza facial, banho de espuma, loções, cor de cabelo, esmalte de unhas, repelentes de insectos e protector solar. Os ingredientes plásticos estão presentes em diferentes produtos em diferentes percentagens, variando de uma fracção de percentagem a mais de 90% em alguns casos (Cosmetics Ingredient Review 2012).

Dependendo do tipo de polímero, composição, tamanho, forma, os ingredientes plásticos foram incluídos em formulações com um vasto número de funções, incluindo: reguladores de viscosidade, emulsionantes, formadores de filme, agentes opacificantes, agentes de absorção de líquidos, agentes de volume, para um efeito de 'embaçamento óptico' (por exemplo de rugas), glitters, condicionamento da pele, esfoliantes, abrasivos, cuidados orais tais como polimento de dentes, gelificantes em adesivos de prótese dentária, para uma libertação controlada do tempo de vários ingredientes activos, fase sorriptiva para fornecimento de fragrâncias, vitaminas, óleos, hidratantes, repelentes de insectos, filtros solares e uma variedade de outros ingredientes activos, prolongando a vida útil através da retenção de ingredientes activos degradáveis na matriz de partículas porosas. As funções destes polímeros vão claramente além do conhecido e bem divulgado efeito esfoliante das microesferas.

Quadro 4: Composição de Microplásticos em cosmética

Produto	Peso microplásticos	Tamanho (mm) de partículas	Tipo de plástico
Limpeza facial	1.62-3.04	0.1-0.2	PE
Limpeza das mãos	0.18-6.91	0.1-0.2	PE
Espuma de barbear	0.1-2	0.005- 0.015	PTFE
Pasta dentária	0.1-0.4	0.04-0.8	PE
Esfoliante facial	0.4-10.5	0.04-0.8	PE
Pasta Dentária	2 - 4	0.014-0.055	PES

Fonte: Peter sundt (2014)

Pigmentos em microplásticos:

Os pigmentos em microplásticos também ocorrem nos vários organismos. Os pigmentos são utilizados na coloração dos plásticos que são de origem sintética. Os pigmentos são geralmente corantes de ftalocianina, haematita que são geralmente de cor azul e vermelha. As partículas são sintéticas (Van Cauwenberghe e Janssen, 2014). Os pigmentos libertados entram nos corpos de água e poluem os recursos hídricos .

Distribuição de microplásticos nos oceanos:

Os microplásticos de várias fontes fazem o seu caminho para os oceanos e com base na sua densidade a deposição e flutuação dos microplásticos pode variar. Os materiais de polipropileno e polietileno de densidades 0,92 e 0,95 g/cu.cm flutuam na água do mar enquanto que os materiais de poliestireno com a densidade varia entre 1,01 - 1,09 g/cu.cm normalmente afundam-se abaixo da água de superfície superior. Os materiais de poliamida e acetato de celulose com a densidade de 1,15 - 1,24 g/cu.cm afundam-se no oceano. Os materiais tais como filmes plásticos, resina de poliéster e garrafas de refrigerantes com as densidades de 1,30, 1,35, 1,39 g/cu.m tendem a afundar-se até ao fundo.

A ocorrência de microplásticos em vários oceanos do mundo inclui o Nordeste do Oceano Atlântico (2,46 partículas m^{-3}), águas polares árcticas (1,31 partículas m^{-3}), grande lago Laurentino (**43.000 - 4.66.000 partículas Km^{-2}**), baía de Jade, Sul do Mar do Norte (1770 partículas L^{-1})NW Atlântico (2500 partículas Km^{-2}), costa portuguesa (332-362 itens m^{-2}), Mar Mediterrâneo (0.10-0,9 MP g^{-1}), estuário do Yantze e porcelana do mar Oriental (144 partículas m^{-3}), Sudeste do Brasil (12-1300 partículas m^{-2}), costa sueca (**2400-1,02,000 partículas m^{-3}**) e mar Bohai chinês (63-201 itens kg^{-1}). (Auta *et al.*, 2017)

Quadro 5: Microplásticos em águas superficiais e sedimentos submarinos

Region	Country	Marine compartment	No. particles
Australia	Australia	Surface water	4256.4 ± 757.79 MPs km^{-2}
			< 0.18 MPs m^{-3}
North America	Canada	Surface water	8-9200 MPs m^{-3}
	USA	Surface water	0-4696 MPs m^{-3}
	Alaska	Surface water	0.004-0.19 MPs m^{-3}
Asia	Japan	Sediment	60-2020 MPs m^{-2}
	China	Surface water	0.167 ± 2461.5 MPs m^{-3}
		Sediment	20-340 MPs kg^{-1} d.w.
Africa	Africa	Surface water	257.9-1215 MPs m^{-3}
		Sediment	688.9-3308 MPs m^{-2}
			400-1900 MPs kg^{-1} d.w.
Europe		Surface water	0-1.5 MPs m^{-3}
			0.25 MP/m^{-3}
		Sediment	0-3146 MPs kg^{-1} d.w.
			91.9-105.2 MPs kg^{-1}
			15 ± 10 MPs kg^{-1} d.w.
			10 ± 1 MPs kg^{-1}
	UK	Sediment	> 100 MPs m^{-2}
Arctic	Arctic	Surface water	0-131 MPs m^{-3}
		Sea ice	38-234 MPs m^{-3}
Ocean Gyres	North Pacific	Surface water	116,000 MPs km^{-2}
	South Pacific		26,898 MPs km^{-2}
	North Atlantic		20,328 MPs km^{-2}

Fonte: (Auta *et al.*, 2017)

Quantificação de microplásticos:

Os microplásticos são visualmente identificados antes da identificação do tipo de polímero ser feita. As partículas maiores podem ser identificadas a olho nu, enquanto os pequenos microplásticos são identificados usando microscópios binoculares ou microscopia electrónica de varrimento (SEM) (Van Cauwenberghe *et al.*, 2013, Karapanagioti e Klontza (2007), Gilfillan *et al.*, 2009). Os métodos de identificação espectroscópica incluem a espectroscopia de infravermelhos da transformação de Fourier (FTIR) e a espectroscopia Raman. Estes métodos baseiam-se na absorção de energia por grupos funcionais característicos das partículas poliméricas.

Para partículas maiores (aproximadamente >500 µm), o FTIR pode ser realizado utilizando uma unidade de reflexão transversal atenuada (ATR) uma vez que as partículas precisam de ser transferidas manualmente no cristal da unidade ATR (Doyle et *al.*,2011). O acoplamento de instrumentos FTIR a microscópios como o reflector ou o micro-FTIR de transmissão permite a detecção de microplásticos mais pequenos (Harrison *et al.*, 2012). A utilização de microscopia FTIR no modo de transmissão só é aplicável a partículas mais pequenas ou filmes finos que não absorvem completamente o feixe IR. São necessários filtros especiais no tratamento de amostras que são translúcidas para a radiação IR, tais como membranas de óxido de alumínio. Tanto os métodos baseados em FTIR como os baseados em Raman são limitados na dimensão mínima das partículas que podem ser determinadas pela difracção física da luz. As medições FTIR em modo de transmissão são limitadas para partículas entre 10 e 20 µm, enquanto os instrumentos Raman podem medir partículas com tamanhos que são uma a duas ordens de magnitude menores, devido aos comprimentos de onda menores que são aplicados para a excitação. A identificação dos polímeros por FTIR e Raman é susceptível de alterações ambientais da superfície do polímero ou da aplicação do aditivo durante o processamento do polímero. Assim, a incrustação microbiana, sujidade, adsorção de ácidos húmicos, e plásticos coloridos podem interferir com a absorção, reflexão, ou excitação das moléculas do polímero e podem levar a uma identificação errada ou impedir totalmente a identificação das partículas (Rocha-Santos e Duarte (2015), Harrison *et al.*,2017). Para além da identificação do tipo de polímero, as imagens visuais das partículas permitem a determinação da forma das partículas.

A aplicação de cromatografia de gás por pirólise/espectrometria de massa (Pyr-GC/MS) permite a determinação simultânea do tipo de polímero e aditivos poliméricos por combustão da amostra e a detecção dos produtos de degradação térmica dos polímeros (Nuelle *et al.,* 2014, Trimpin (2009). A identificação dos produtos de degradação térmica serve de marcador específico para cada polímero. Pyr-GC/MS é um método destrutivo uma vez que a combustão tem lugar e a concentração dos microplásticos é geralmente obtida como fracção de massa ou concentração de massa de plásticos. A dessorção térmica GC/MS (TDS-GC/MS) em combinação com a análise termogravimétrica (TGA) acoplada a um adsorvente de fase sólida permite tamanhos iniciais de amostra mais elevados em comparação com Pyr-GC/MS (Dumichen *et al.,* 2015).

A SEM pode ser acoplada à espectroscopia de raios X dispersiva de energia (SEM-EDS), que produz imagens de alta resolução das partículas e fornece uma análise elementar dos objectos medidos. Para SEM-EDS, a superfície das partículas da amostra é digitalizada por um feixe de electrões. O contacto do feixe de electrões com a superfície da amostra resulta na emissão de electrões secundários e radiação de raios X específica do elemento. Assim, pode ser criada uma imagem da partícula e a composição elementar pode ser identificada através da utilização de SEM-EDS. É, portanto, possível distinguir entre microplásticos e partículas que são compostas por elementos inorgânicos, tais como silicatos de alumínio (Eriksen *et al.,*2013). A pressão é aplicada às partículas por agulhas ou pinças. Isto exclui identificações erradas de microplásticos com partículas frágeis de carbono ou carbonato que se partem durante o teste e não são removidas ou formadas durante o tratamento da amostra (Eriksen *et al.,*2014).

Uma técnica de imagem permite a visualização das partículas, e a ionização das moléculas do polímero é realizada por uma fonte de iões primários, gerando iões secundários de fragmentos de polímero. A microscopia Raman permite a identificação de partículas de tamanho inferior a 10 µm. Sgier *et al.*

,(2016) detectaram microplásticos utilizando a citometria de fluxo combinada com a incorporação de rede estocástica visual (viSNE). viSNE é uma ferramenta para a visualização de dados de citometria de alta dimensão por redução de dimensão não linear em duas dimensões (Amir *et al.*,2013). Este método foi capaz de detectar partículas microplásticas directamente em amostras ambientais, utilizando conjuntos de dados de referência não biológicos para a interpretação da análise viSNE.

Figura 1: Quantificação de Microplásticos

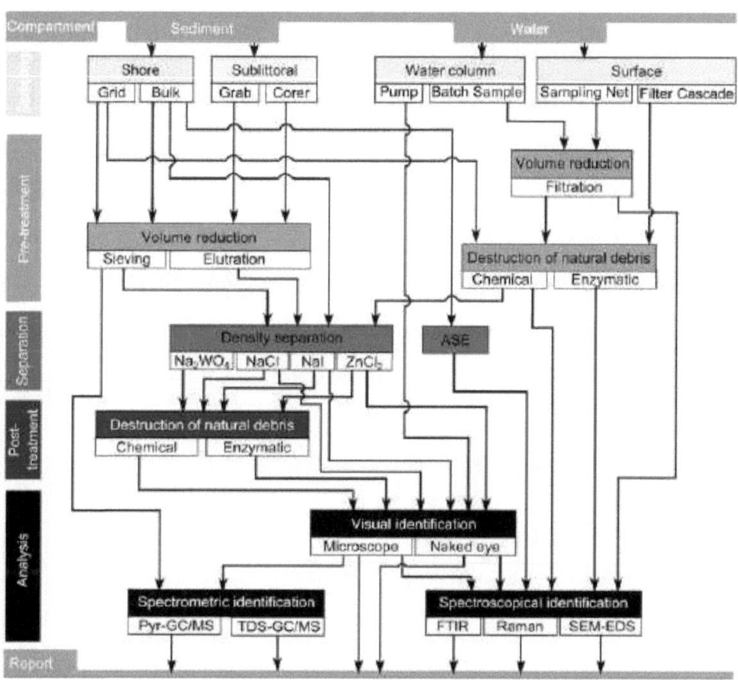

Microplásticos em sais:

Os microplásticos tendem a ocorrer nos sais marinhos. Os microplásticos das várias fontes deslocam-se para os esgotos e depois entram nos ambientes lóticos, enquanto resulta na poluição dos sistemas lóticos. Isto prepara o caminho para o movimento dos microplásticos para os oceanos. Depois, dos oceanos, os microplásticos de baixa densidade, tais como o polietileno e o polipropileno flutuam na superfície superior dos oceanos, enquanto o PET se instala na parte inferior conduz ao biofouling e é comido pelos alimentadores do filtro. Os microplásticos que flutuam nos oceanos pavimentam o seu caminho para as salinas e permanecem no sal marinho. O sal marinho do pacífico mostra um máximo de 806 partículas/kg seguido pelo sal de rocha dos himalaias com 367 partículas/kg enquanto que o sal marinho silicioso contém 220 partículas/kg.

O sal marinho celta e o sal marinho atlântico têm os microplásticos de cerca de 187 e 180 partículas/kg respectivamente. Em comparação com o sal marinho Baja e o sal marinho mediterrânico, o sal marinho Baja possui uma quantidade elevada de microplásticos de 173 partículas/kg, enquanto o sal marinho mediterrânico possui 133 partículas/kg, seguido pelo sal marinho Utah com a quantidade de 113 partículas/kg. O sal marinho do Norte e o sal marinho do Hawaii contêm uma quantidade inferior de microplásticos com o valor de 66,6 e 46,71 partículas/kg. A recomendação diária de sal da OMS era de cerca de 5.000 mg/dia. A absorção diária dos sais leva a um aumento da absorção dos microplásticos. (Yang *et al.*, 2015)

Microplásticos em água potável:

Foi realizado um estudo em todo o mundo sobre os microplásticos e a água potável. As águas engarrafadas contendo microplásticos são as seguintes. O estudo concluiu que 93% da água engarrafada tinha microplásticos.

Quadro 6: Microplásticos em água

S.No	Marcas de água engarrafada	Quantidade de MP (Partículas L^{-1})
1.	Aqua	**4,713**
2.	Aquafina	2-1,295
3.	Bisleri	**0-5,230**
4.	Dasani	2-335
5.	Epura	0-2,267
6.	Evian	0-256
7.	Gerolsteiner	**9-5,160**
8.	Minalba	0-863
9.	Nestlé (Vida Pura)	**6- 10,390**
10.	San pellegrino	0-74
11.	Wahaha	1-731

Os microplásticos tendem a ocorrer na água da torneira. A água da torneira na Indonésia contém microplásticos de 10,8 partículas/L seguidos pelos Estados Unidos da América (9,24 partículas/L) enquanto que a Inglaterra, Cuba e Líbano têm o conteúdo de microplásticos de 7,73, 7,17 e 6,64 partículas/L respectivamente. A água da torneira indiana mostra a gama ligeiramente inferior à do Líbano com a média de 6,24 partículas/L seguida pelo Equador, Uganda e Eslováquia dos valores 4,2, 3,92, 3,83 partículas/L respectivamente. As águas da Suíça, França e Irlanda encontradas contaminadas com os microplásticos com o valor de 2,74, 1,83 e 1,82 partículas/L, respectivamente.

De todas as amostras de água da torneira recolhidas para análise, a água da torneira da Alemanha estava menos contaminada com os microplásticos de 0,91 partículas/L.

Figura 2: Interacção dos microplásticos no ambiente marinho

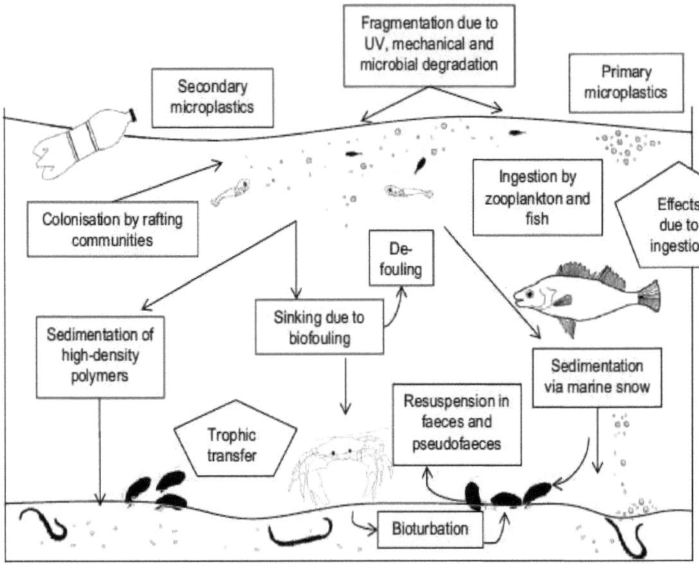

(Wright *et al.,* 2013)

Ocorrência de Microplásticos em Alimentos do Mar:

A estimativa dos microplásticos nos oceanos é de 8 milhões de toneladas/ano (Jambeck *et al.* 2015). Os microplásticos entram nos oceanos e são ingeridos pelos alimentadores do filtro e depois entram na comida por meio do zooplâncton e para os níveis tróficos mais elevados. Existem cerca de 690 espécies marinhas afectadas pela ingestão de microplásticos. Os microplásticos em algumas das espécies são Caranguejos, Peixe Sol (1 partícula/peixe), Alewife (2,5 partícula/peixe), Lúcio do Norte (16 partícula/peixe), Peixe barbatana de proa (16 partícula/peixe), Robalo de boca grande (12 partícula/peixe), Robalo de boca pequena (13.5 partículas/peixe), Truta do lago (153 partículas/peixe), Arco-íris (0,28 partículas/peixe), Poleiro amarelo (2,19 partículas/peixe), Robalo de rocha (2 partículas/peixe), Salmão do Atlântico (29 partículas/peixe), Ovino (2 partículas/peixe e Poleiro branco (2 partículas/peixe). (Alexandra *et al.*, 2017)

Toxicidade sobre diferentes organismos

Transferência trófica:

Cole et al., 2013 investigaram que o zooplâncton no Atlântico Nordeste pode ingerir microplásticos (1,4 - 30,6 µm diâmetro), com capacidade de absorção variável entre espécies, estágio de vida e tamanho de microplásticos. Os microplásticos são ingeridos através de alimentação por filtração e mais tarde em pellets fecais, normalmente em questão de horas. Os microplásticos tendem a acumular-se na superfície externa do zooplâncton morto, uma vez que se encontra aprisionado entre os apêndices externos de copépodes vivos. As esferas de poliestireno de tamanho 1,7 e 3,8 µm aglomeram-se dentro do canal alimentar e agregaram-se entre as sedas e as articulações dos apêndices externos. A presença de contas de poliestireno 7.3 µm reduz a taxa de ingestão de algas do copépode *Centropages typicus*. No zooplâncton e outros organismos aquáticos, estes contaminantes são geralmente considerados como desreguladores endócrinos, cancerígenos ou tóxicos, com repercussões no crescimento, desenvolvimento sexual, fecundidade, morbilidade e mortalidade.

Farrell e Nelson, (2013) investigaram a transferência trófica de microplásticos de mexilhões para caranguejos à medida que os mexilhões (*Mytilus edulis*) eram expostos a microesferas de poliestireno fluorescente de 0,5 mm alimentadas a caranguejos (*Carcinus maenas*). As amostras de tecido foram então recolhidas em intervalos até 21 dias. O número de microesferas na hemolinfa dos caranguejos foi mais elevado às 24 h (15 033/ ml), e quase desapareceu após 21 dias (267 ml). A quantidade máxima de microesferas na hemolinfa foi de 0,04% da quantidade a que os mexilhões foram expostos. Foram também encontradas microesferas no estômago, hepatopâncreas, ovário e guelras dos caranguejos na redução dos números durante dias sucessivos. Este estudo é o primeiro a mostrar a transferência trófica 'natural' de microplásticos, e a sua translocação para hemolinfa e tecidos de um caranguejo. Isto tem implicações para a saúde dos organismos marinhos, para a teia alimentar mais vasta e para os seres humanos. Microsferas foram encontradas em amostras de tecido do estômago. As microesferas foram encontradas nas concentrações mais elevadas nas amostras de 5 mm de diâmetro do estômago a 1 h (números 1025), 2 h (números 883) e 4 h (números 1007), mas nenhuma nas amostras posteriores. Mesmo após apenas 1 h, as microesferas estavam presentes nas amostras de 5 mm de diâmetro de hepatopâncreas (65 números), bem como de ovário (68 números) e brânquias (75 números).

As amostras de estômago, hepatopâncreas e ovário tinham o maior número de microesferas a 1 h, a brânquia a 2 h (167 números). Não foram vistas microesferas em nenhuma das amostras em 21 dias. Houve uma grande variação no número de microesferas nas amostras de tecido devido à distribuição desigual das microesferas pelos tecidos e inexactidões inerentes ao método utilizado. Não houve qualquer alteração óbvia no estado físico ou comportamental dos caranguejos após a ingestão das microesferas, até 21 dias.

Os lagostins (*Nephrops norvegicus*) também ingeriram microplásticos através da sua alimentação, embora isto não tenha mostrado uma transferência trófica natural, uma vez que os *N. norvegicus* foram alimentados com pedaços de peixe semeados com filamentos de polipropileno (Murray e Cowie, 2011). Verificou-se que o microplástico afecta até mesmo o nível trófico primário, actuando potencialmente como outra fonte de entrada na cadeia alimentar. Partículas plásticas positivelyc hargednano-sized adsorbed ao constituinte de celulose das algas (*Chlorella spp.* e *Scenedesmus spp.*), que impediram a fotossíntese e poderiam afectar a sustentabilidade das teias alimentares marinhas (Bhattacharya et al., 2010).

Kach e Ward (2008) investigaram que os mexilhões tinham uma eficiência de retenção de 14% para microesferas de poliestireno fluorescente de 0,5 mm. Neste estudo, os mexilhões foram expostos a uma estimativa de 411 milhões de microesferas. Com uma eficiência de retenção de 14%, reteriam 57,54 milhões de microesferas. Foi calculado que o número de microesferas em toda a hemolinfa do caranguejo às 24 h era de 1,63,111 microesferas. Isto é 0,04% do número de microesferas a que os mexilhões foram expostos e 0,28% do número estimado de microesferas retidas pelos mexilhões. Esta estimativa foi baseada no número máximo de microesferas na hemolinfa e não inclui uma estimativa do número de microesferas nos tecidos dos caranguejos, uma vez que uma estimativa robusta disto não foi elucidada durante este estudo. Tratava-se de um mexilhão comido por um caranguejo e a bioacumulação e a bioagnificação poderia aumentar a quantidade de microplásticos tanto nos consumidores como nas presas.

Absorção e Efeitos Biológicos

Os MPs podem ser retirados da coluna de água e sedimento por uma série de organismos. Isto pode ocorrer directamente através de ingestão ou absorção dérmica, sobretudo através de superfícies respiratórias (brânquias). Investigações anteriores sobre zooplâncton de água doce incluíram *Bosmina coregoni* que não diferenciava entre contas de PS (2 e 6 µm) e algas quando expostas a combinações de ambas as Berna (1990). O mesmo estudo também descobriu que *Daphnia cucullata*, quando exposta a contas de PS (2, 6, 11, e 19 µm) em combinação com células de algas do mesmo tamanho, foi observada a exibir taxas de filtragem semelhantes para as três classes de tamanho mais pequeno mas preferiu algas em vez das maiores (Berna, 1990). Rosenkranz *et al.*, (2009) demonstraram que *D. magna* ingere nano (20 nm) e micro (1 µm) contas de PS. Os autores notam que ambos os tipos de contas de PS foram excretados até certo ponto, mas as contas de 20 nm foram retidas em maior grau dentro do organismo. A medida em que os organismos são expostos ao stress físico devido à absorção de MP depende do tamanho das partículas, porque as partículas maiores do que os sedimentos ou as partículas alimentares podem ser mais difíceis de digerir (Besseling et al., 2013). Além disso, a forma das partículas é também um parâmetro importante, porque as partículas com uma forma mais parecida com uma agulha podem fixar-se mais facilmente a superfícies internas e externas. Os efeitos indirectos das MPs podem incluir irritação física, que pode depender do tamanho e forma das MPs. Partículas mais pequenas e angulares podem ser mais difíceis de desalojar do que partículas esféricas lisas e causar bloqueio das brânquias e do tracto digestivo. Num estudo recente, foram avaliados os efeitos crónicos da exposição de MP a *D. magna* (Ogonowski *et al.,* 2016). A exposição a partículas MP secundárias (tamanho médio das partículas 2,6 µm) causou mortalidade elevada, aumentou o período entre as bactérias e diminuiu a reprodução, mas apenas a níveis muito elevados de MP (105.000 partículas L^{-1}).Em contrato, não foram observados efeitos na MP primária correspondente (tamanho médio das partículas 4,1 µm) (Ogonowski *et al.,* 2016).

Há algumas provas que sugerem que uma transferência trófica de deputado pode ocorrer, por exemplo, de mexilhões para caranguejos (Harrison *et al.,* 2012). O mexilhão azul *Mytilus edulis* foi exposto a 0,5 µm Esferas de PS (1 milhão de partículas/ml) e alimentado a caranguejos (*Carcinus maenas*). A concentração de microesferas na hemolinfa do caranguejo foi reportada como sendo a mais elevada após 24 h (15.033 partículas mL) em comparação com 267 partículas residuais mL^{-1} após 21 dias, o que é 0,027% da concentração alimentada aos mexilhões. Outro estudo demonstrou o potencial de transferência de MP do mesoto macrozooplâncton, utilizando microesferas de PS (10 µm) em concentrações muito mais baixas de 1.000, 2.000, e 10.000 partículas mL^{-1} Rocha-Santos e Duarte (2005). Como as taxas de excreção não estão disponíveis e a absorção de MP é frequentemente definida como partículas presentes no tracto digestivo (isto é, o exterior e não os tecidos de um organismo), não é até agora claro se a transferência trófica de MP também resulta numa bioacumulação ou numa biomagnificação.

Quadro 7: Efeito dos microplásticos em vários organismos

Organismo	Tipo de plástico	Concentração	Mecanismo de captação/efeito
Caranguejo da costa (*Carcinus*	PS	107 microesferas L^{-1}	Ventilação e ingestão (absorção e
			retenção através das
maenas)			brânquias)
Bivalves (*Mytilus edulis*,	Microesferas de PE/PS	250 grânulos mg L^{-1}	Ingestão/acumulação **em tecidos moles**
Crassostrea gigas/Macoma			
bathica, Mytilus trossulus			
Microalgas	PS		Ingestão/crescimento afectado
Peixes marinhos (*Pomatoschistus*	Contas de PE/PS	1,2 × 10^6 partículas	Ingestão/pathological stress/inflammation
microps, Artemia nauplii,		mg-1 e 12 mg L^{-1},	de stress hepático/oxidativo/acumulação de lípidos
Danio rerio, Oryzias		0,5 mg - 2,5 partículas	no fígado
latipes)		mg^{-1}	

Demersal (bacalhau, solha escura do mar do Norte,	PE	54 partículas mg^{-1}	Ingestion
solha-das-pedras/peixe pelágico			
(arenque e cavala)			
Zooplâncton (*Centropáginas*	Contas de PS	4000 mL^{-1} & 400 mg	Ingestão/diminuição da alimentação/causas de algas
typicus, Daphnia magna)			imobilização

Fonte: (Auta *et al.*, 2017)

Efeitos no copépode marítimo

P. nana exposto a micro esferas com um diâmetro de 0,05 μm resultou em atrasos de desenvolvimento e redução da fecundidade em *P. nana* de uma forma dose-dependente, enquanto que 0,5-μm micro esferas expostas *P. nana* levou a um atraso na moldagem (nauplii para copépodes) ($P < 0.05$) sem um atraso significativo no desenvolvimento geral. No caso de *P. nana* exposta a 6-_μm microbolas, não se observaram efeitos *in vivo*

Níveis de ROS e fosforilação de MAPKs

Apenas *P. nana* expostos a micro esferas de 0,05-μm exibiram um aumento significativo ($P < 0.05$) no nível intracelular ROS, enquanto os organismos expostos a micro esferas de 0,5- e 6-μm apresentaram níveis semelhantes aos do grupo de controlo após a exposição a 24 h (P /mL). Para investigar se as

ROS induzidas por microplásticos são um desencadeador de stress oxidativo em *P. nana,* N-acetyl-L-cysteine (NAC; 0.5 mM) foi co-administrada com micro esferas. As ROS intracelulares não foram geradas pelo tratamento com NAC

P. nana mostrou um aumento da fosforilação da quinase extracelular regulada pelo sinal (p-ERK) e p38 (p-p38) com Nrf2, indicando uma correlação positiva com os níveis intracelulares de ROS. No caso da c-Jun N-terminal cinase fosforilada (p-JNK), não houve diferença no estado de fosforilação. Para investigar se as ROS induzidas por microplásticos são desencadeantes para a activação de p ERK, p-p38, e Nrf2, NAC (0.5 mM) foi co-administrada com micro esferas. A fosforilação de ERK e p38 com Nrf2 foi evitada pelo tratamento com NAC

Actividades enzimáticas antioxidantes de GPx, GR, GST, e SOD

Para examinar o mecanismo de defesa em resposta ao stress oxidativo induzido por microplásticos em *P. nana*, a actividade enzimática antioxidante foi medida após 24 h exposição a micro esferas de 0,05-, 0,5, e 6-µm (20 µg/mL). Todas as enzimas antioxidantes tiveram a maior actividade em animais expostos a microesferas de 0,05-µm e seguidas por microesferas de 0,5- e 6-µm. (Jeong *et al.,* 2017)

Caminho dos Resultados Adversos:

O conceito AOP ao retardamento do crescimento em peixes permitiu distinguir o modo de acção do cádmio, que reduziu o crescimento através do aumento da procura metabólica, do modo de acção dos pesticidas piretróides e dos inibidores selectivos da recaptação de serotonina, que reduziram a ingestão de alimentos através de alterações no comportamento e apetite. Em relação aos microplásticos, a situação é ainda mais complicada pelo seu potencial de associação com contaminantes químicos e pela medida, ainda desconhecida, em que estes contaminantes absorvidos são transferidos da partícula ingerida para os tecidos do organismo. Contaminantes orgânicos persistentes, bioacumulativos e tóxicos que associam com os microplásticos no oceano incluem bifenilos policlorados, hidrocarbonetos poliaromáticos, e éteres difenílicos polibromados, todos eles com actividade desreguladora do sistema endócrino.

Esta lista de contaminantes inclui um subgrupo, denominado obesogénicos, que aumenta a alteração de peso através da alteração do equilíbrio energético em favor do armazenamento de gordura em adipócitos e da alteração da taxa metabólica básica. Os efeitos obesogénicos não se limitam aos vertebrados. O biocida tributyltin (TBT) é um ligante de alta afinidade para o receptor gama activado pela proliferação peroxisómica e o seu parceiro heterodímero receptor retinóide X, que regula o metabolismo lipídico nos vertebrados. As pulgas de água expostas ao TBT mostraram um metabolismo lipídico perturbado, com reduzida transferência de triactilgliceróis dos adultos para os ovos, provocando a sua acumulação nos adultos. Semelhante às ostras expostas a microplásticos de Sussarellu relatou que a história de vida da prole de fêmeas expostas ao TBT mostrou respostas de aptidão reduzida, menor sobrevivência, e produção de menos ovos.

Figura 3: Caminho de resultados adversos

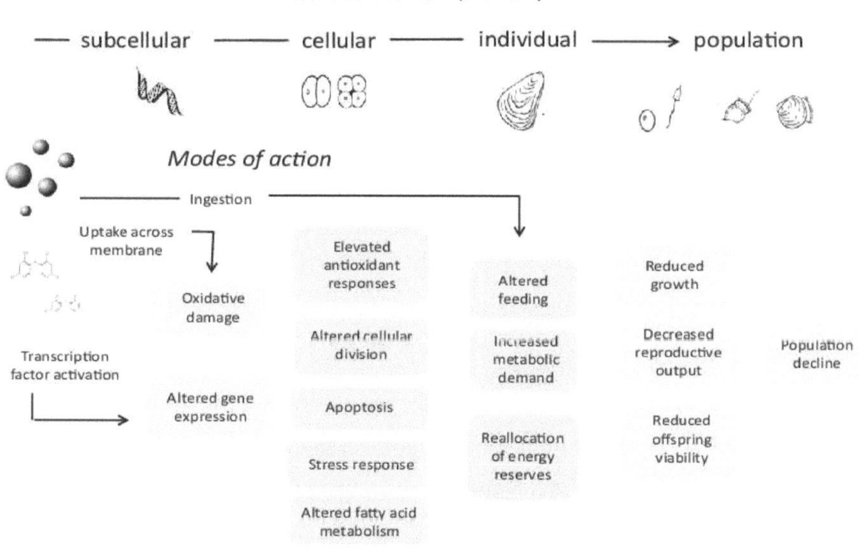

Fonte: Galloway e Lewisa (2016)

Microplásticos e saúde humana:

A absorção de partículas de plástico pelo homem pode ocorrer através do consumo de produtos alimentares terrestres e aquáticos, água potável e inalação (Vethaak e Leslie, 2016). Apesar de os mariscos serem uma fonte reconhecida de contaminantes da dieta humana, a ocorrência de microplásticos nos mariscos não é quantificada nem regulamentada (Ziccardi *et al.*, 2016). Os mariscos podem ser contaminados com microplásticos através da ingestão de presas naturais, aderência à superfície do organismo ou durante a fase de processamento e embalagem (Cole *et al.*, 2011). Os organismos que são consumidos inteiros apresentam um maior risco de exposição em comparação com os que tiveram o tracto digestivo removido. Por exemplo, os populares produtos do mar europeus, *Mytilus edulis,* continham em média 0,36 ± 0,07 MP de partículas g^{-1} (w.w. tecido mole), enquanto *Crassostrea gigas* continha 0,47 ± 0,16 g-1 (w.w. tecido mole) no ponto de consumo humano (Van Cauwenberghe e Janssen, 2014). Da mesma forma, os bivalves de um mercado de peixe na China continham entre 2,1 e 10,5 MP de partículas g-1 (w.w. tecido mole) (Li *et al.*, 2015). O peixe inteiro adquirido em mercados de peixe na Indonésia e nos EUA revelou que 28% e 25% de todos os indivíduos tinham plásticos<4,5mm presentes nas suas tripas (Rochman et *al.*, 2015), enquanto espécies comercialmente importantes provenientes dos mares Adriático e Mediterrâneo, Canal da Mancha e costa portuguesa demonstraram ingestão de microplásticos na natureza (Avio et *al.*, 2015b; Neves et *al.*, 2015; Bellas et *al.*, 2016; Tanaka e Takada, 2016). Também foram relatados microplásticos em populações naturais das espécies de crustáceos comercialmente importantes, Crangon crangon (Devriese *et al.*, 2015) e Nephrops norvegicus (Murray e Cowie, 2011). Com os plásticos já presentes numa diversidade de produtos do mar, há um forte apoio à transferência de partículas microplásticas para os seres humanos. Estudos médicos sobre ratos e seres humanos demonstraram a translocação de partículas de PS e PVC<150 µm da cavidade intestinal para o sistema linfático e circulatório (Volkheimer, 1975; Hussain et *al.*, 2001).

Partículas muito finas são capazes de atravessar membranas celulares, a barreira hemato-encefálica e a placenta, com efeitos documentados incluindo stress oxidativo, danos celulares, inflamação e comprometimento da atribuição de energia semelhantes aos relatados para organismos marinhos (Vethaak e Leslie, 2016). A exposição a contaminantes hidrofóbicos pode ser um resultado directo da ingestão de partículas microplásticas contaminadas, enquanto que a exposição secundária pode ocorrer através da ingestão de peixes, aves ou outros organismos que tenham acumulado contaminantes nos seus tecidos de microplásticos previamente ingeridos (Ziccardi *et al.*, 2016). Sem mais investigação e dados prontamente disponíveis sobre cargas MP em artigos de marisco populares, é difícil realizar uma avaliação de risco de marisco para consumo humano. As evidências sugerem que a exposição humana a microplásticos via marisco é plausível, contudo a contribuição em comparação com outros produtos alimentares e bebidas é desconhecida (Wright e Kelly, 2017). A investigação sobre os factores que influenciam a ingestão de MP por organismos marinhos, factores de bioacumulação para espécies populares de marisco e as suas interacções tróficas são urgentemente necessários para identificar que espécies devem ser consumidas com moderação ou evitadas em comparação com as que são consideradas seguras para comer. A quantidade de micro e nanoplásticos no ambiente deverá aumentar e, por conseguinte, esta área de investigação requer uma atenção urgente e profunda para discernir os impactos reais na saúde humana.

Detecção de ftalatos em humanos

O metabolismo oxidativo de ftalatos em humanos foi conduzido em DEHP. As concentrações urinárias de dois metabolitos oxidativos de DEHP - MEOHP e MEHHP - têm sido superiores ao MEHP, o metabolito hidrolítico de DEHP. Um terceiro metabolito oxidativo de DEHP, mono (2-etil-5 carboxipentílico) ftalato, também foi encontrado em concentrações mais elevadas na urina do que MEHP.22 23 Estas descobertas sugerem que as concentrações urinárias relativamente baixas de MEHP20 21 24-26 em comparação com as concentrações dos metabolitos hidrolíticos de outros ftalatos (por exemplo, DEP, DBP) podem resultar, pelo menos em parte, de vias metabólicas alternativas2 10-12 que conduzem à formação de metabolitos monoéster oxidativos que são mais susceptíveis do que o MEHP à excreção urinária.

Quatro ftalatos foram detectados em 100% das amostras em Nova Iorque e Cracóvia. Os DEP e DBP estão presentes nas concentrações mais elevadas tanto no ar como na urina. O DIBP é o próximo congénere mais elevado em ambas as cidades. A inalação parece ser uma via significativa de exposição, dadas as elevadas correlações entre o ar e as medidas de urina para DEP, DBP, e BBzP. Isto contraria a crença geral de que a ingestão de produtos alimentares contaminados é a via de exposição mais significativa (CERHR 2000a, 2000b, 2000c) e sugere que a inalação e possivelmente a absorção dérmica pode também estar a determinar a exposição de uma mulher.

A falta de uma correlação entre ar e urina para DEHP e BBzP pode corresponder a diferenças farmacocinéticas entre os congéneres de cadeia mais curta e mais longa. A fim de comparar os níveis de exposição ao ftalato em mulheres grávidas com os da população em geral, os valores das amostras de Nova Iorque são comparados com as concentrações de ftalato monoéster geradas como parte da amostragem de 1999-2000 do National Health and Nutrition Examination Survey (NHANES) conduzido pelo CDC (2003). O objectivo destas comparações qualitativas é identificar possíveis diferenças na exposição ao ftalato entre as mulheres grávidas e a população em geral. A amostra de NHANES inclui 2.541 mulheres não grávidas, mulheres grávidas, homens e pessoas de diferentes idades e grupos étnicos/raciais. Estas comparações não controlam potenciais confundidores, tais como localização geográfica, variação diurna nos níveis metabólicos, ou estação da colheita da amostra. Outra comparação é feita dos níveis de mBP nas mulheres de Nova Iorque com os níveis em todas as mulheres ($\geq$ 6 anos de idade) na amostra de NHANES. Com base numa comparação grosseira, as mulheres de Nova Iorque estão a receber exposições a mBP acima dos níveis de base para os Estados Unidos. Os níveis de mBP na urina aqui relatados são elevados 30-70% nos percentis em comparação com os observados nas amostras de urina colhidas da população em geral (CDC 2003). O nível médio ajustado de creatinina nas mulheres de Nova Iorque é 2 vezes mais elevado do que na amostra de NHANES (42,6 vs. 21,9 µg/g creatinina)

(CDC 2003). Em comparação com todas as mulheres da amostra de NHANES (n = 1,326) que tinham ≥ 6 anos de idade, a concentração mediana de mBP nas mulheres de Nova Iorque é 1,5 vezes mais elevada (42,6 vs. 28,6 µg/g creatinina). Os níveis dos outros três metabolitos urinários (mEP, mEHP, e mBzP) são semelhantes entre os sujeitos de Nova Iorque e NHANES.

Gestão:

A gestão dos microplásticos é um dos processos tediosos, pois era muito minúsculo e não pode ser detectado facilmente. Há estudos que ajudam na Biodegradação dos microplásticos. Algumas das espécies de microorganismos envolvidos na degradação do polietileno são *Staphylococcus sp., Pseudomonas sp.,* e *Bacillus sp.*, isolados do solo de locais contaminados por plásticos em Mumbai (Singh *et al.*., 2016) *Aspergillus niger, Pseudomonas aeruginosa, Bacillus subtilis, Staphylococcus aureus* e *Streptococcus pyogenes* foram isolados de solos que degradam o politereftalato de etileno (PET) e o poliestireno (PS) (Asmita *et al.*, 2015). Os microrganismos produzem enzimas para a quebra das cadeias de polímeros que ajudam na degradação dos microplásticos. Algumas das enzimas produzidas pelos microorganismos envolvidos na degradação dos microplásticos. Alguns dos microrganismos envolvidos nos mecanismos de bio-degradação são *Rhodococcus ruber* que degradam o poliestireno (Mor e Sivan, 2008) enquanto a degradação do policloreto de vinilo (PVC) é assistida por *Pseudomonas putida* (Caruso, 2015). Algumas das espécies bacterianas que ajudam na degradação do polímero são *Brevibacillus borstelensis, Streptomyces sp., Pseudomonas stutzeri,* e *Alcaligenes faecalis.* O principal mecanismo foi a produção de enzimas de degradação de polímeros extracelulares em micróbios polímeros degradados (Trivedi *et al.*, 2016).

Esterase

Num polímero sintético como o PET; os monómeros partilham uma ligação de éster, que pode ser perturbada utilizando enzimas como a esterase, que foi encontrada omnipresentemente no organismo vivo. A actividade da esterase é basicamente uma modificação do PET numa superfície acessível com maior hidrofilicidade da superfície, capacidade de ligação de corantes catiónicos, e molhabilidade. Isto melhora a remoção de manchas de óleo e as propriedades de pilling das fibras de PET em tratamento. A modificação da superfície de PET foi observada como sinal de degradação inicial de PET por esterase de microrganismos como as espécies *Nocardia*, *Bacillus* species (Sharon e Sharon, 2012). Átomos de carbono em oposição aos dos ésteres de acyl com > 10 átomos de carbono. A descoberta de alguns esterases novos da estirpe *Roseateles depolymerans* TB-87 (Ali *et al.*, 2013), com ampla especificidade de substrato, e actividade contra copoliéster alifático, em estado líquido e sólido foi estudada, embora com uma taxa de degradabilidade mais baixa, devido ao impedimento do polímero aromático (Shao *et al.*, 2013).

Lipases

As lipases de organismos como *Candida cylindracea,* espécies *Pseudomonas* (Asmita *et al.*, 2015) são experimentadas para estudos de biodegradação tanto de poliéster aromático como alifático, uma abordagem de degradação camada por camada (Perz *et al.*, 2015). Observações interessantes sugerem que no caso da substância alifática, há um aumento gradual da taxa de degradação com um aumento da concentração da enzima, no entanto, num limiar, um aumento adicional da concentração não tem qualquer efeito, uma vez que a superfície do polímero é adsorvida com proteínas por toda a parte, e as proteínas redundantes não se podem acumular. A degradação é por meio de clivagem das ligações de ésteres. As substâncias aromáticas enquanto tais não apresentam resultados eficazes, uma vez que a acção das lipases é hipotética para ser eficaz no suporte hidrofóbico de excepção PET. Uma vez que não existem provas sobre este mecanismo, é necessário realizar mais trabalho. O tratamento com lipases resultou na melhoria da capacidade de tingimento, molhabilidade, propriedades absorventes dos tecidos PET (Taylor *et al.*, 2015).

Cutinases

As cutinases são a enzima que tem a capacidade de despolimerizar o PET hidrófobo; em certa medida. São obtidas a partir de fungos fitogénicos; que facilitam a penetração fúngica para hidrolisar a cutina. A cutina que constitui a ligação cruzada oxigenada em C de ligações ésteres 16C e 18C é hidrolisada pela actividade das cutinases. Tanto a actividade exo como a hidrolisação endo, caracterizada por *F. solani* é estudada (Nimchua *et al.*, 2008).

Hidrólise por estirpe PBURU-B5, mostrou maior capacidade de absorção de humidade e água, e aumento da capacidade de tingimento. A diferença entre as lipases e a actividade das cutinases baseia-se nos seus requisitos de substrato, onde as cutinases mostram hidrólise activa tanto em substrato solúvel como emulsionado sem qualquer activação interfacial (Acero *et al.*, 2013). Embora as cutinases pertençam à família das lipases (Kitadokoro *et al.*, 2012). Num dos estudos foi observado que a modificação em PET por adição de hidrofobinas (abundante no género *Tricoderma*); estimula o efeito da enzima cutinases de *Humicola insolens*, contribuindo assim para a degradação de PET (Acero *et al..*, 2013), Ribitsch *et al* (2011) relataram que a bactéria termófila chamada *T. fusca* tem actividade cutinase e pensaram em co-poliésteres biodegradáveis de compostos aromáticos e alifáticos durante a compostagem (Perz *et al.*, 2015) ainda a ser examinada (Roth *et al.*,2014)

Regras e Regulamentos:

Há vários estudos realizados nos microplásticos e as regras e regulamentos são alterados. Em 2015, foi aprovada a proibição das micro esferas California Microbead Ban, AB 888, que proíbe totalmente a utilização das micro esferas. Reconhece a utilização de alternativas naturais como cascas de nozes, sal marinho e fossos de damasco. A lei AB 888 pretende proibir a venda de produtos que contenham micro esferas de plástico até ao ano 2020 (Casebeer, 2015). Nos EUA foi promulgada em 2017 uma lei que proíbe a produção e utilização de micro esferas de plástico até 2019. Na Índia, o tribunal verde nacional, com a assistência técnica do BIS, conduziu investigação sobre micro esferas e informou que as micro esferas são "inseguras" para utilização. Algumas das regras de tratamento de resíduos plásticos pelo governo da Índia são as seguintes

- IS / ISO 14851: 1999 Determinação da biodegradabilidade aeróbica final dos materiais plásticos num meio aquoso-Método através da medição da procura de oxigénio num Respirómetro fechado

- É / ISO 14852: 1999 Determinação da biodegradabilidade aeróbica final dos materiais plásticos num meio aquoso-Método por análise do dióxido de carbono evoluído

- É / ISO 14853: 2005 Plásticos - Determinação da biodegradação anaeróbica final dos materiais plásticos num sistema aquoso - Método por medição da produção de biogás

- IS /ISO 14855-1: 2005 Determinação da biodegradabilidade aeróbia final dos materiais plásticos em condições de compostagem controlada - Método por análise do dióxido de carbono evoluído (Parte-1 Método geral)

- IS / ISO 14855-2: 2007 Determinação da biodegradabilidade aeróbica final dos materiais plásticos em condições controladas de compostagem - Método por análise do dióxido de carbono evoluído (Parte-2: Medição gravimétrica do dióxido de carbono evoluído num teste à escala laboratorial)

- IS / ISO 15985: 2004 Plásticos - Determinação da biodegradação e desintegração anaeróbia final sob condições de digestão anaeróbia de altos sólidos - Métodos por análise do biogás libertado

- IS /ISO 16929: 2002 Plásticos - Determinação do grau de desintegração de materiais plásticos em condições de compostagem definidas num teste piloto - teste em escala

- IS / ISO 17556: 2003 Plásticos - Determinação da biodegradabilidade aeróbica final no solo através da medição da procura de oxigénio num Respirómetro ou da evolução da quantidade de dióxido de carbono

- IS / ISO 20200:2004 Plásticos - Determinação do grau de desintegração de materiais plásticos em condições de compostagem simulada num laboratório - teste em escala.

Conclusão:

Os microplásticos presentes em cada parte da nossa vida são um dos maiores contaminantes mundiais, principalmente encontrados nos oceanos, cosméticos, água da torneira, sal marinho, água potável, água mineral, peixes ostras, caranguejos, cerveja, mel, etc. Os microplásticos fazem o seu caminho para os oceanos e causam biofouling fazem o seu caminho para a cadeia alimentar, o que leva à transferência trófica de microplásticos. As práticas de gestão incluem a formulação de políticas pelo governo, mecanismos de degradação, monitorização da poluição, instalação de filtros de microplásticos ajudam-nos a superar a poluição por microplásticos.

Referências :

Asmita, K., Shubhamsingh, T., & Tejashree, S. (2015). Isolamento de microrganismos degradantes plásticos de amostras de solo recolhidas em vários locais em Mumbai, Índia. *Int Res J Envir Sci*, *4*(3), 77-85.

Auta, H. S., Emenike, C. U., & Fauziah, S. H. (2017). Distribuição e importância dos microplásticos no ambiente marinho: uma revisão das fontes, destino, efeitos e potenciais soluções. *Ambiente internacional*, *102*, 165-176.

Avio, C. G., Gorbi, S., & Regoli, F. (2015). Desenvolvimento experimental de um novo protocolo de extracção e caracterização de microplásticos em tecidos de peixes: primeiras observações em espécies comerciais do Mar Adriático. *Investigação ambiental marinha*, *111*, 18-26.

Bellas, J., Martínez-Armental, J., Martínez-Cámara, A., Besada, V., & Martínez-Gómez, C. (2016). Ingestão de microplásticos por peixes demersais das costas espanholas do Atlântico e do Mediterrâneo. *Boletim de poluição marinha*, *109*(1), 55-60.

Berna, L. (1990). Discriminação de partículas nutritivas e inertes por zooplâncton de água doce relacionada com o tamanho. *Journal of Plankton Research*, *12*(5), 1059-1067.

Besseling, E., Foekema, E. M., Van Franeker, J. A., Leopold, M. F., Kühn, S., Rebolledo, E. B., ... & Koelmans, A. A. (2015). Microplástico num alimentador de macrofiltro: baleia jubarte Megaptera novaeangliae. *Boletim de poluição marinha*, *95*(1), 248-252.

Bhattacharya, P., Lin, S., Turner, J. P., & Ke, P. C. (2010). A adsorção física de nanopartículas de plástico carregadas afecta a fotossíntese de algas. *The Journal of Physical Chemistry C*, *114*(39), 16556-16561.

Browne, M. A., Dissanayake, A., Galloway, T. S., Lowe, D. M., & Thompson, R. C. (2008). Plástico microscópico ingestado transloca para o sistema circulatório do mexilhão, Mytilus edulis (L.). *Ciência & tecnologia ambiental, 42(13)*, 5026-5031.

Carbery, M., O'Connor, W., & Palanisami, T. (2018). Transferência trófica de microplásticos e contaminantes mistos na teia alimentar marinha e implicações para a saúde humana. *Ambiente internacional.*

Caruso, G. (2015). Microorganismos degradantes do plástico como instrumento de bioremediação da contaminação plástica em ambientes aquáticos. *J Pollut Eff Cont*, *3*(3), 1-2.

Casebeer, T. (2015). Porque é que o projecto de limpeza dos oceanos não vai salvar os nossos mares. 10 de Setembro, 2015. *O "Net Array" do Boyan Slat's Ocean Cleanup Project.*

CDC. 2003. Segundo Relatório Nacional sobre a Exposição Humana a Produtos Químicos Ambientais. NCEH Pub. NCEH Pub. 02-0716. Atlanta, GA:Centros de Controlo e Prevenção de Doenças.

CERHR. 2000a. NTP-CERHR Relatório do Painel de Peritos em Butyl Benzyl Phthalate. NTP-CERHR-BBP-00. Research Triangle Park, NC:National Toxicology Program/Center for the Evaluation of Risks to Human Reproduction. Disponível: http:// cerhr.niehs.nih.gov/news/phthalates/BBP-final-inprog.PDF

Cole, M., Lindeque, P., Halsband, C., & Galloway, T. S. (2011). Microplásticos como contaminantes no ambiente marinho: uma revisão. *Boletim sobre poluição marinha*, *62*(12), 2588-2597.

Devriese, L. I., van der Meulen, M. D., Maes, T., Bekaert, K., Paul-Pont, I., Frère, L.,& Vethaak, A. D. (2015). Contaminação microplástica em camarão castanho (Crangon crangon, Linnaeus 1758) das águas costeiras do sul do Mar do Norte e da zona do Canal da Mancha. *Boletim de poluição marinha*, *98*(1-2), 179-187.

Doyle, M. J., Watson, W., Bowlin, N. M., & Sheavly, S. B. (2011). Partículas plásticas nos ecossistemas pelágicos costeiros do oceano Pacífico Nordeste. *Marine Environmental Research*, *71*(1), 41-52.

Dümichen, E., Barthel, A. K., Braun, U., Bannick, C. G., Brand, K., Jekel, M., & Senz, R. (2015). Análise de microplásticos de polietileno em amostras ambientais, utilizando um método de decomposição térmica. *Investigação da água*, *85*, 451-457

Eriksen, M., Lebreton, L. C., Carson, H. S., Thiel, M., Moore, C. J., Borerro, J. C., & Reisser, J. (2014). Poluição plástica nos oceanos do mundo: mais de 5 triliões de peças de plástico pesando mais de 250.000 toneladas a flutuar no mar. *PloS one*, *9*(12), e111913.

Eriksen, M., Mason, S., Wilson, S., Box, C., Zellers, A., Edwards, W., ... & Amato, S. (2013). Poluição microplástica nas águas superficiais dos Grandes Lagos Laurentianos. *Boletim de poluição marinha*, *77*(1-2), 177-182.

Fendall, L. S., & Sewell, M. A. (2009). Contribuir para a poluição marinha lavando o seu rosto: microplásticos em produtos de limpeza facial. *Boletim sobre poluição marinha*, *58*(8), 1225-1228.

Free, C. M., Jensen, O. P., Mason, S. A., Eriksen, M., Williamson, N. J., & Boldgiv, B. (2014). Elevados níveis de poluição microplástica num grande lago de montanha, remoto. *Boletim sobre poluição marinha*, *85*(1), 156-163.

Galloway, T. S., & Lewis, C. N. (2016). Os microplásticos marinhos significam grandes problemas para as gerações futuras. *Actas da Academia Nacional das Ciências*, *113*(9), 2331-2333.

Gilfillan, L. (2009). Ocorrência de Micro-Debris Plásticos no Sistema Actual da Califórnia.

Gregory, M. R., & Andrady, A. L. (2003). Plásticos no ambiente marinho. *Plásticos e o Ambiente*, *379*, 389-90.

Groh, K. J., Carvalho, R. N., Chipman, J. K., Denslow, N. D., Halder, M., Murphy, C. A., ... & Watanabe, K. H. (2015). Desenvolvimento e aplicação do quadro do percurso de resultados adversos para a compreensão e previsão da toxicidade crónica: I. Desafios e necessidades de investigação em ecotoxicologia. *Chemosphere*, *120*, 764-777.

Gupta, D., Chaudhary, H., & Gupta, C. (2015). Alterações topográficas no poliéster após hidrólise química, física e enzimática. *The Journal of The Textile Institute*, *106*(7), 690-698.

Habib, D., Locke, D. C., & Cannone, L. J. (1998). Fibras sintéticas como indicadores de lodo de esgoto municipal, produtos de lodo e efluentes de estações de tratamento de esgotos. *Water, Air, and Soil Pollution*, *103*(1-4), 1-8.

Harrison, J. P., Hoellein, T. J., Sapp, M., Tagg, A. S., Ju-Nam, Y., & Ojeda, J. J. J. (2018). Biofilmes associados a microplásticos: uma comparação entre ambientes de água doce e ambientes marinhos. Em *Microplásticos de*

Água Doce (pp. 181-201). Springer, Cham.

Harrison, J. P., Ojeda, J. J. J., & Romero-González, M. E. (2012). A aplicabilidade da espectroscopia de infravermelhos por microtransformação de reflectância para a detecção de microplásticos sintéticos em sedimentos marinhos. *Science of the Total Environment, 416*, 455-463.

Herrero Acero, E., Ribitsch, D., Dellacher, A., Zitzenbacher, S., Marold, A., Steinkellner, G., ... & Guebitz, G. M. (2013). Engenharia de superfície de uma cutinase da Thermobifida cellulosilytica para hidrólise melhorada de poliéster. *Biotecnologia e bioengenharia, 110*(10), 2581-2590.

Hussain, N., Jaitley, V., & Florence, A. T. (2001). Avanços recentes na compreensão da absorção de micropartículas através da linfática gastrointestinal. *Advanced drug delivery reviews, 1*(50), 107-142.

Imhof, H. K., Ivleva, N. P., Schmid, J., Niessner, R., & Laforsch, C. (2013). Contaminação de sedimentos de praia de um lago subalpino com partículas microplásticas. *Biologia actual, 23*(19), R867-R868.

Jambeck, J. R., J. R., Geyer, R., Wilcox, C., Siegler, T. R., Perryman, M., Andrady, A., & Law, K. L. (2015). Entradas de resíduos plásticos da terra para o oceano. *Science, 347*(6223), 768-771.

Jeong, C. B., Kang, H. M., Lee, M. C., Kim, D. H., Han, J., Hwang, D. S., & Lee, J. S. (2017). Efeitos adversos de microplásticos e de mecanismos de defesa mediados pelo caminho MAPK/Nrf2 no copépode marinho Paracyclopina nana. *Relatórios científicos, 7*, 41323.

Kach, D. J., & Ward, J. E. (2008). O papel dos agregados marinhos na ingestão de partículas do tamanho de picoplâncton por moluscos em suspensão alimentar. *Biologia Marinha, 153*(5), 797-805.

Karapanagioti, H. K., & Klontza, I. (2007). Investigando as propriedades dos pellets de resina plástica encontrados nas zonas costeiras da ilha de Lesvos. *Ninho global. The international journal, 9*(1), 71-76.

Kitadokoro, K., Thumarat, U., Nakamura, R., Nishimura, K., Karatani, H., Suzuki, H., & Kawai, F. (2012). Estrutura cristalina de cutinase Est119 da Thermobifida alba AHK119 que pode degradar o tereftalato de polietileno modificado com resolução de 1,76 Å. *Degradação e estabilidade do polí-*

mero, *97*(5), 771-775

Lambert, S., & Wagner, M. (2018). Os microplásticos são contaminantes de preocupação emergente em ambientes de água doce: uma visão geral. Em *Microplásticos de Água Doce* (pp. 1-23). Springer, Cham.

Lechner, A., Keckeis, H., Lumesberger-Loisl, F., Zens, B., Krusch, R., Tritthart, M., ... & Schludermann, E. (2014). O Danúbio tão colorido: um potpourri de lixo plástico ultrapassa as larvas de peixe no segundo maior rio da Europa. *Poluição ambiental*, *188*, 177-181.

Lusher, A. L., Welden, N. A., Sobral, P., & Cole, M. (2017). Amostragem, isolamento e identificação de microplásticos ingeridos por peixes e invertebrados. *Métodos analíticos*, *9*(9), 1346-1360.

Moore, C. J., Moore, S. L., Leecaster, M. K., & Weisberg, S. B. (2001). Uma comparação do plástico e plâncton no giro central do Pacífico Norte. *Boletim sobre poluição marinha*, *42*(12), 1297-1300.

Mor, R., & Sivan, A. (2008). Formação de biofilme e biodegradação parcial do poliestireno pela actinomiacete Rhodococcus ruber. *Biodegradação*, *19*(6), 851-858.

Murray, F., & Cowie, P. R. (2011). Contaminação plástica do crustáceo decápodes Nephrops norvegicus (Linnaeus, 1758). *Boletim de poluição marinha*, *62*(6), 1207-1217.

Nuelle, M. T., Dekiff, J. H., Remy, D., & Fries, E. (2014). Uma nova abordagem analítica para a monitorização de microplásticos em sedimentos marinhos. *Poluição ambiental*, *184*, 161-169.

Ogonowski, M., Schür, C., Jarsén, Å., & Gorokhova, E. (2016). Os efeitos das micropartículas naturais e antropogénicas na aptidão individual em Daphnia magna. *PloS one*, *11*(5), e0155063.

Perz, V., Bleymaier, K., Sinkel, C., Kueper, U., Bonnekessel, M., Ribitsch, D., & Guebitz, G. M. (2016). Especificidades do substrato de cutinases em poliésteres alifáticos-aromáticos e nos seus modelos de substratos. *Nova biotecnologia*, *33*(2), 295-304.

Ribitsch, D., Heumann, S., Trotscha, E., Herrero Acero, E., Greimel, K., Leber, R., ... & Weber, T. (2011). Hidrólise de polietilenotereftalato por pnitrobenzilesterase a partir de Bacillus subtilis. *Progresso da biotecnologia, 27*(4), 951-960.

Rocha-Santos, T., & Duarte, A. C. (2015). Uma visão crítica das abordagens analíticas da ocorrência, do destino e do comportamento dos microplásticos no ambiente. *Tendências da TrAC em Química Analítica, 65*, 47-53.

Rochman, C. M., Tahir, A., Williams, S. L., Baxa, D. V., Lam, R., Miller, J. T., ... & Teh, S. J. (2015). Detritos antropogénicos em produtos do mar: Detritos plásticos e fibras de têxteis em peixes e bivalves vendidos para consumo humano. *Relatórios científicos, 5*, 14340.

Rosenkranz, P., Chaudhry, Q., Stone, V., & Fernandes, T. F. (2009). Uma comparação entre a absorção de nanopartículas e de partículas finas por Daphnia magna. *Toxicologia e Química Ambiental, 28*(10), 2142-2149.

Roth, C., Wei, R., R., Oeser, T., Then, J., Föllner, C., Zimmermann, W., & Sträter, N. (2014). Estudos estruturais e funcionais sobre uma hidrolase termo-estável de tereftalato de polietileno degradante de Thermobifida fusca. *Microbiologia e biotecnologia aplicadas, 98*(18), 7815-7823.

Sgier, L., Freimann, R., Zupanic, A., & Kroll, A. (2016). Citometria de fluxo combinada com viSNE para a análise de biofilmes microbianos e detecção de microplásticos. *Comunicações da natureza, 7*, 11587.

Shah, A. A., Eguchi, T., Mayumi, D., Kato, S., Shintani, N., Kamini, N. R., & Nakajima-Kambe, T. (2013). Purificação e propriedades de novos copoliésteres alifáticos-aromáticos degradantes de enzimas de Roseateles depolymerans recentemente isolados, estirpe TB-87. *Degradação e estabilidade dos polímeros, 98*(2), 609-618.

Shao, H., Xu, L., & Yan, Y. (2013). Isolamento e caracterização de uma esterase termoestável a partir de uma biblioteca metagenómica. *Journal of industrial microbiology & biotechnology, 40(11)*, 1211-1222.

Sharon, C., & Sharon, M. (2017). Estudos sobre a biodegradação do politereftalato de tereftalato de etileno: Um polímero sintético. *Journal of Microbiology and Biotechnology Research*, 2(2), 248-257.

Sundt, P., Schulze, P. E., & Syversen, F. (2014). Fontes de microplástico-poluição para o ambiente marinho. *Mepex para a Agência Norueguesa do*

Ambiente.

Sussarellu, R., Suquet, M., Thomas, Y., Lambert, C., Fabioux, C., Pernet, M. E. J., ... & Corporeau, C. (2016). A reprodução da ostra é afectada pela exposição a microplásticos de poliestireno. *Actas da Academia Nacional das Ciências*, *113*(9), 2430-2435.

Takada, H., & Tanaka, K. (2016). Fragmentos microplásticos e microesferas em vias digestivas de peixes tábuativoros de águas costeiras urbanas. *Relatórios científicos*, *6*, 34351.

Trimpin, S., Wijerathne, K., & McEwen, C. N. (2009). Métodos rápidos de identificação de polímeros e aditivos poliméricos: MALDI sem solventes de múltiplas amostras, pirólise à pressão atmosférica, e espectrometria de massa de sonda de análise de sólidos atmosféricos. *Analytica chimica acta*, *654*(1), 20-25.

Trivedi, A., Mavi, P. S., Bhatt, D., & Kumar, A. (2016). O stress redutor do tiol induz a formação de biofilme com ancoragem celulósica em Mycobacterium tuberculosis. *Comunicações da natureza*, *7*, 11392.

Van Cauwenberghe, L., & Janssen, C. R. (2014). Microplásticos em bivalves cultivados para consumo humano. *Poluição ambiental*, *193*, 65-70.

Van Cauwenberghe, L., & Janssen, C. R. (2014). Microplásticos em bivalves cultivados para consumo humano. *Poluição ambiental*, *193*, 65-70.

Van Cauwenberghe, Lisbeth, Ann Vanreusel, Jan Mees, e Colin R. Janssen. "Poluição microplástica em sedimentos do mar profundo". *Poluição ambiental* 182 (2013): 495-499.

Vethaak, A. D., & Leslie, H. A. (2016). Os resíduos plásticos são uma questão de saúde humana.

Volkheimer, G. (1975). Difusão hematogénica de partículas de cloreto de polivinilo ingeridas. *Annals of the New York Academy of Sciences*, *246*(1), 164-171.

Wright, S. L., & Kelly, F. J. (2017). Plástico e saúde humana: uma micro questão?... *Ciência e tecnologia ambiental, 51(12)*, 6634-6647.

Zbyszewski, M., & Corcoran, P. L. (2011). Distribuição e degradação de partículas de plástico de água doce ao longo das praias do Lago Huron,

Canadá. *Água, Ar, & Poluição do Solo,* 220(*1-4*), 365-372.

Zbyszewski, M., Corcoran, P. L., & Hockin, A. (2014). Comparação da distribuição e degradação dos detritos plásticos ao longo das linhas costeiras dos Grandes Lagos, América do Norte. *Journal of Great Lakes Research, 40*(2), 288-299.

Ziccardi, L. M., Edgington, A., Hentz, K., Kulacki, K. J., & Kane Driscoll, S. (2016). Microplásticos como vectores de bioacumulação de produtos químicos orgânicos hidrofóbicos no ambiente marinho: Uma análise do estado da ciência. *Toxicologia e química ambiental, 35*(7), 1667-1676.

Zubris, K. A. V., & Richards, B. K. (2005). Fibras sintéticas como indicador de aplicação terrestre de lodo. *Poluição ambiental, 138*(2), 201-211.

Printed by Books on Demand GmbH, Norderstedt / Germany